RAPPORT

SUR

L'APPAREIL VINIFICATEUR

DE M.^{DE} GERVAIS,

PRÉSENTÉ

A M. LE PRÉFET

DU DÉPARTEMENT DE LA HAUTE-GARONNE,

AU NOM D'UNE COMMISSION;

PAR M. J. L. ASSIOT,

PROFESSEUR DE PHYSIQUE A LA FACULTÉ DES SCIENCES DE L'ACA-
DÉMIE ROYALE DE TOULOUSE.

*Que par le raisonnement on tâche de deviner la
nature, mais qu'à chaque pas on vérifie l'opération de l'entendement par des expériences ri-
goureuses, comme le mécanicien vérifie les
opérations de sa main, en appliquant à un mètre, le bois qu'il vient de planer.*
BERTHOLLET, Écol. norm. tom. I.

A TOULOUSE,

DE L'IMPRIMERIE DE F. VIEUSSEUX,
RUE SAINT-ROME, N° 46.

1821.

S

RAPPORT

PRÉSENTÉ

A M. LE PRÉFET

DE LA HAUTE-GARONNE,

PAR LA COMMISSION CHARGÉE D'ASSISTER AUX EXPÉRIENCES COMPA-
RATIVES, FAITES PAR DIVERS PARTICULIERS, SUR LES EFFETS DE
L'APPAREIL-GERVAIS.

MONSIEUR LE PRÉFET,

En chargeant les commissaires soussignés, d'assister aux expériences comparatives qui seraient faites par plusieurs propriétaires, avec l'appareil de Mademoiselle Gervais, et de vous rendre compte du résultat; vous les avez investis d'une mission de confiance, dont l'objet intéresse à la fois tout ce qui est propriétaire de vignes, tout ce qui en consomme le produit, et le Gouvernement lui même, dans une des branches les plus considérables du revenu public.

De si nombreux, de si puissans intérêts, eussent rendu cette mission infiniment délicate et difficile, si notre opinion eut dû influer sur une mesure d'administration; car la position de Toulouse, à la banlieue ou aux environs de laquelle l'état et les devoirs journaliers de vos commissaires les ont obligés de restreindre leurs observations, ne présente que des vignobles d'un ordre secondaire dans le système œnologique de la France en général.

Mais sur tous les points de la France, le Gouvernement, par la circulaire du ministre de l'Intérieur, du 13 septembre, a appelé l'attention, soit des sociétés savantes, soit de commissions particulières sur cet objet : d'où nous avons cru voir que nous n'étions appelés qu'à recueillir soigneusement les faits qui se passeraient sous nos yeux, et qui réunis en faisceaux, à la masse de ceux que le Gouvernement recevra ainsi de toutes les parties du royaume, faciliteront aux sociétés savantes l'établissement définitif d'une théorie complète et solide sur la vinification, et sur les procédés les plus avantageux pour l'opérer, d'après les circonstances particulières à la contrée, au climat habituel de chaque lieu, et aux modifications accidentelles qu'y apportent l'irrégularité des saisons, soit avant, soit pendant l'acte même, soit à la suite de cette opération.

Fixés ainsi sur l'objet de notre mision, notre rapport ne sera guère qu'un précis historique de faits bien constatés, de résultats positifs où nous ne nous permettrons de faire entrer des considérations particulières que tout autant qu'elles naîtront inévitablement du sujet, et que les explications qu'elles nécessiteront seront fondées sur des principes incontestables et incontestés.

A la date du 5 octobre, qui est celle de la lettre où vous nous annoncez notre nomination, le travail des vendanges, aux environs de Toulouse, était tout au moins en pleine activité, et il eût été près de son terme sans les petites pluies qui l'interrompirent dans la première semaine de ce mois.

Il eût été très-difficile, impossible même sans doute de trouver alors un local, des vaisseaux vinaires, etc., pour faire une expérience décisive, c'est-à-dire en grand, et de la faire dans l'enceinte de la ville, afin qu'elle pût être suivie jour par jour, heure par heure même, au moins par quelqu'un des membres de la commission; car rien n'est plus variable que l'état d'une cuve en fermentation, puisque les plus petites modifications de l'atmosphère, soit quant à sa pression, soit quant à sa température, y influent, et d'autant plus ou moins, selon le terme de la fermentation où ces modifications ont lieu.

Dès son installation même, la commission s'est donc vue forcée de recourir à des moyens indirects pour remplir, autant qu'il était dans le cœur de chacun de ses membres, votre attente et celle du public, en multipliant les lieux d'observation et les moyens d'expérience, pour approcher autant que possible du résultat positif que lui aurait fourni bien plus facilement une seule expérience faite sur les lieux et sur des masses convenables.

Trois propriétaires, distingués par les soins qu'ils donnent à toutes leurs cultures, avaient offert aux cessionnaires de Mademoiselle Gervais, d'établir chez eux deux cuves pour la comparaison des effets de leur ancienne méthode de procéder avec ceux de l'appareil vinificateur de cette dame : ce sont M. de Lasplanes à Colomiers, M. Resseguier à Tournefeuille, M. Lalanne à Lalande.

La commission en corps s'est transportée chez chacun d'eux à chacune des époques principales de l'opération ; ceux de ses membres qui se sont trouvés plus libres que les autres, n'ont négligé aucune occasion d'expérimenter sur les circonstances particulières, et se sont aidés même du concours de personnes étrangères à la commission pour ce genre d'observations.

M. Resseguier à Tournefeuille, avait adapté un Appareil-Gervais à une autre cuve que celle qui servait de comparaison ; il avait adapté aussi un couvercle et un tube plongeur, à une cuve qui n'était qu'à moitié remplie de vendange. Cette autre cuve qu'il a eu la bonté de livrer entièrement à notre discrétion, nous a fourni des données particulières par des expériences qui ne pouvaient altérer en rien les résultats de celle de comparaison, et c'est aussi chez lui que se sont le plus fréquemment dirigées nos excursions particulières.

Ces expériences ont eu principalement pour objet de suivre les progrès de la fermentation par celui du degré de l'alcoolisation de la liqueur qui se condense dans le chapiteau de l'Appareil, et la quantité que le jeu de l'Appareil en fournit dans un temps donné, soit avant, soit après que cette liqueur a acquis le terme aréométrique auquel elle s'arrête lorsque le mouvement de la fermentation a atteint son maximum.

Le 25 octobre, les cessionnaires de Mademoiselle Gervais étant parvenus à se procurer douze cent quinze kilogrammes de vendange, par suite d'une lettre que M. Gervais leur écrivait de Montpellier, ils convoquèrent la commission pour le lendemain, et en notre présence, cette quantité pesée par un peseur juré, a été mise dans trois futailles d'eau-de-vie, bien sèches et bien conditionnées ; chacune de ces futailles a reçu quatre cent cinq kilogrammes de vendange. L'Appareil-Gervais a été adapté à l'une d'elles, un tube plongeur à une autre , la troisième est restée découverte : il restait à chacune d'elles un vide égal aux 5/12 de la capacité totale; vingt-cinq litres d'eau de rivière ont été mis dans chacun des deux vases de ferblanc qui ont servi de comporte pour faire plonger les tubes des deux appareils; deux cadenas ont été placés à la seule porte du local où étaient ces trois tonneaux. Les cessionnaires ont exigé que les deux clefs de ces cadenas qu'on venait d'acheter , restassent entre les mains des membres de la commission, et les préposés ou eux n'y sont entrés qu'assistés des membres qui étaient les détenteurs de ces clefs. Dans le petit nombre de visites faites à ces appareils , on n'a retiré que deux ou trois fois une très-petite partie du résultat de la condensation pour estimer, au goût seulement , les progrés de l'alcoolisation.

Passons aux détails et aux résultats de ces expériences, dans lesquels nous n'avons modifié en rien les procédés habituels de chaque particulier, quant à l'ancienne méthode, puisque nous n'étions là que pour y assister, et que les modifications propres à chacun d'eux multipliaient les termes de comparaison d'autant plus nécessaires dans les vignobles des environs de Toulouse , que l'on n'y pratique absolument pas le pressurage du marc, et que soit pou r la

quantité, soit pour la qualité, cela nous a pri-
vés (en grand du moins) d'une des données
les plus essentielles, quant aux résultats.

*Expérience faite par M. de Lasplanes, maire
à Colomiers.*

Chacune des deux cuves de M. de Lasplanes
a reçu le 10 octobre 6255 kilogrammes de
vendange.

Au décuvage, qui a eu lieu le 7 novembre,
l'écoulement de la mère-goutte n'a pas été con-
tinué jusqu'à l'épuisement de la cuve, mais jusqu'au terme où l'on est dans l'usage de le faire
pour conserver assez de force au demi-vin.

1° Le résultat en quantité a été pour la cuve
sans appareil de 85 mesures, du poids de 42
kil. 3/4 chacune, et pour la cuve avec l'appareil de 87 des mêmes mesures, différence à
l'avantage du procédé 2 sur 85 ou 2 6/17
pour o|o.

Pour estimer ce que le procédé eût gagné
par les résultats du pressoir, on a fait mettre
pour le premier et le second demi-vin, des
quantités égales d'eau dans chaque cuve (1).

---

(1) On a suspendu la comparaison après le décuvage du 2me
demi-vin, parce qu'elle n'importait plus que peu ou point,
pour la quantité, et que déjà celui de la cuve découverte nous
paraissait impotable.

Le décuvage a produit , pour la cuve sans appareil 21 mesures , pour celle avec l'appareil 25 mesures : donc 4 mesures à l'avantage du procédé ; et comme cet excès n'a pu provenir que de l'écoulement du vin retenu par le marc ou dans la cuve, lorsqu'on ne l'épuisait pas entièrement par le coulage, il doit être ajouté à l'excès du premier coulage, ensorte que l'on a 85 et 91 pour le rapport des produits, c'est-à-dire 6 sur quatre-vingt-cinq, ou 7 1|17 pour o|o à l'avantage du procédé Gervais.

2.° Les qualités sensibles des vins des deux cuves furent jugées soit par chacun des membres de la commission , soit par M. Eudel , ingénieur en chef du département ; M. Chaumont , officier supérieur du génie maritime ; M. Julia, de Narbonne ; M. de Lasplanes ; les ouvriers employés au décuvage , et plusieurs voisins accourus ou invités. D'un avis unanime , le ton de couleur , la limpidité , une saveur pareille à celle d'un vin qui a passé l'hiver au moins dans la futaille , le bouquet et la force se trouvèrent à l'avantage du procédé Gervais. La distillation de ces vins a donné , pour le vin de la cuve sans appareil un quart du volume distillé d'eau-de-vie à 17 degrés et 2 tiers , et pour la cuve avec l'appareil un quart du même volume , eau-de-vie à 18° et demi.

3.° La supériorité des demi-vins de l'appareil était moins équivoque encore ; tous ceux obtenus par ce moyen jusqu'à la dernière visite des commissaires, le 17 novembre , conservaient un goût agréable de liqueur absolument vineuse ; ceux de la cuve découverte, avaient dès le deuxième demi-vin un caractère très-prononcé et de plus en plus désagréable d'acidité. Les bouteilles du premier demi-vin des deux appareils ayant été cassées par le commissionnaire chargé de les porter à Toulouse , on n'a pu distiller que les seconds demi-vins : celui de la cuve couverte a fourni un huitième de son volume d'eau-de-vie à 17 degrés , celui de la cuve découverte , pris à la même époque , ne donne qu'un huitième de son volume à 12 degrés 2 tiers.

Expérience faite par M. Lalanne , propriétaire à Lalande.

M. Lalanne étant dans l'usage de couvrir ses cuves pour prévenir l'acescence du chapeau de la vendange, il l'a pratiquée aussi cette année à la cuve sans appareil : elle était recouverte d'une pièce d'ancienne tapisserie en laine, contenue par le poids de planches arrangées comme un plancher, sur lequel étaient des comportes.

Avant la première visite que la commission fit à M. Lalanne, le 8 octobre, il avait fait faire

huit crochets en fer pour assujettir le couvercle de la cuve destinée à l'appareil et le lier
au couvercle supérieur de la cuve , parce que
ce cercle devait être posé à plat sur la
cuve et en déborder la circonférence , hors
œuvre. Cette manière d'établir le couvercle
plus dispendieuse , quant au bois , et par les
crochets de fer , est essentiellement vicieuse
d'ailleurs , en ce qu'elle a présenté des obsta-
cles continuels au lutage exact de la cuve jusqu'au huitième ou neuvième jour. Les commissaires l'avaient ainsi jugé d'avance , mais
on vendangeait déjà , et il n'y avait plus moyen
d'y remédier pour cette année.

Sans exception, toute cuve ordinaire en état
de recevoir la vendange, peut être disposée pour
recevoir l'appareil Gervais sans autre dépense
que celle du fond supérieur; toute autre serait
superflue soit en crochets pour contenir le couvercle , soit en cercles de fer pour la cuve ;
car il serait absurde de redouter tout autre
effort que celui de la vendange , puisque le
couvercle est percé d'un trou dont les dimensions dépassent prodigieusement celles nécessaires pour laisser sortir sans effort les produits gazeux dont nous donnerons l'aperçu plus
loin.

1.° Dans cet état de choses et au décuvage
qui a eu lieu le 14 novembre , l'appareil Ger-

vais a donné en produit un avantage de quatre pour cent. (1).

2.º Les qualités sensibles énoncées dans l'expérience de M. de Lasplanes ont été trouvées ici, mais bien moins sensiblement à l'avantage du procédé Gervais, parce que la couverture appliquée à la cuve de l'ancien procédé conservait au chapeau sa fraîcheur et le préservait de l'acidité. A la distillation, le vin de la cuve sans appareil a donné un quart de son volume eau-de-vie à 16 degrés et demi.

Celui de la cuve avec l'appareil a donné un quart de son volume, eau-de-vie à 16 degrés quatre cinquièmes.

3º Ces résultats nous ont indiqué suffisamment combien peu nous aurions trouvé de différence dans les demi-vins, et la réputation que le vin de Lalande a, d'être le moins spiritueux et le moins couvert des vignobles des environs de Toulouse, rendait d'autant plus probable que les vices de la construction du couvercle devaient s'y faire plus sentir.

---

(1) Dans l'expérience faite par M. Gervais, le tonneau à simple tube a donné 3 et 9 dixièmes pour cent, qui ont pu être gagnés par la cuve couverte de M. Lalanne, et qui joint à quatre pour cent que la cuve Gervais donne en sus, font près de 8 pour cent, comme le donne la mère-goutte de l'expérience de M. Gervais.

Expérience faite par M. Resseguier, propriétaire à Tournefeuille.

M. Resseguier devant employer au moins trois grandes cuves pour ses vendanges, il choisit pour l'expérience comparative les deux moins grandes, afin d'opérer sur des masses moins inégales.

Le 9 octobre, celle sans appareil reçut 110 comportes de vendange, et celle avec l'appareil en reçut 120 : on répartissait entre les deux cuves les comportes d'une même charretée pour rendre sous ce rapport toutes choses aussi égales que possible.

1° La cuve sans appareil décuvée le 31 octobre produisit 2950 pégas, environ 9320 litres : la cuve avec l'appareil décuvée le 14 novembre produisit 3540 pégas, environ 11204 litres : les quantités de vendange des deux cuves étant dans le rapport de 11 à 12, et la première ayant fourni 9320 litres, on trouve pour ce que la deuxième eût dû produire proportionnellement 10167 ; or, ce nombre est à 11204 qu'elle a produit comme cent est à 110 1/5 ; donc on trouve ici un avantage de 10 1/5 en faveur de l'appareil Gervais sur la mère-goutte seulement.

2° Toutes les qualités sensibles qui donnent du prix au vin, ne sont pas moins à l'avantage

du procédé , et la distillation achève de confir-
mer ce témoignage , car le vin de la cuve découverte distillée au 1/4 de son volume donne
seulement de l'eau de vie à 17 degrés 3/4, tandis que celui de la cuve avec l'appareil en donne
la même quantité à 20 degrés.

3° Le demi-vin de la cuve avec l'appareil
donne à la distillation 1/4 de son volume eau-
de-vie à 16 degrés 1/3 , qui ne diffère ainsi que
de 5/12 du vin ordinaire de Lalande , et ce demi-
vin conserve le bouquet le plus agréable ; celui
de la cuve sans appareil ne donne que 1/4
de son volume eau-de-vie à 15 degrés 4/5 , il
est déjà (14 décembre) recouvert dans la bou-
teille d'une couche de fleurs , dont le demi-
vin de l'appareil n'offre pas la moindre appa-
rence.

Les 8 et 9 octobre , M. Resseguier avait
adapté un appareil Gervais à une grande cuve
qui reçut 138 comportes de vendange : c'est
celle qui nous a servi pour expérimenter sur
divers produits de la fermentation. Enfin , le
10 octobre il lui restait 82 comportes de vendange , qu'il mit dans une cuve qui en aurait
contenu plus de 120 , et la grandeur du vide
entre la vendange et le couvercle de cette
cuve , lui paraissant devoir suffire pour opérer
la coercion des vapeurs aqueuses ou alcooliques ; il ajusta à ce couvercle un simple tube

plongeant dans une comporte , comme celui de l'appareil Gervais.

Le 7 novembre , M. Resseguier procéda au décuvage de ces deux cuves ; la première donna 5780 pegas, environ 12150 litres , la deuxième donna 2280 pegas, environ 7210 litres ; ces résultats de l'écoulement de la mère-goutte , comparés au produit de la cuve découverte, ne donnent au procédé Gervais qu'un avantage de 2 1/6 , et à celui du tube 5 2|5.

M. Resseguier avait spontanément procédé à cette opération , et les membres de la commission n'en avaient pas été prévenus. Il leur fit part de la faiblesse de ses produits sur lesquels nous n'avions rien à objecter , puisqu'il s'agissait d'un fait positif ; mais quelques jours après , il nous rapporta qu'une personne lui avait dit , qu'il devait attribuer cette modicité de produit dans la mère-goutte , à ce qu'il n'avait pas retiré l'eau de la comporte où plongeaient les tubes , ce qui avait arrêté l'écoulement avant l'épuisement de la cuve. Cette circonstance , dont M. Resseguier ne nous avait pas parlé , est la véritable cause qui a empêché ces deux cuves de donner un produit aussi avantageux que celle de comparaison qui ne fut décavée que 7 jours après celles-là.

En effet , il n'est personne qui ne sache que le robinet d'une barrique pleine ne donne rien si l'on n'a pratiqué un soupirail pour que l'air puisse entrer à la place du vin qui s'écoule ; que lorsque la barrique n'est pas pleine le robinet donne plus ou moins, avant de s'arrêter, selon que la barrique est moins ou plus près d'être pleine, d'où l'on voit pourquoi la cuve qui avait un plus grand vide dans son intérieur, a proportionnellement plus fourni que la grande qui était aussi pleine que la prudence le permettait. Ce fait est une conséquence de ce principe d'hydrostatique, que l'écoulement doit s'arrêter lorsque la pression qui naît de la hauteur du liquide joint au ressort de l'air qui est dans le tonneau, font une somme égale à la pression atsmosphérique.

Mais objecterait-on qu'il eût dû y avoir absorption de l'eau de la comporte ? n'ayant pas assisté à ce décuvage, nous ne pouvons dire que cette absorption n'ait pas commencé de s'effectuer ; mais pour qu'elle se fût opérée au point d'introduire l'eau de la comporte dans la cuve, il aurait fallu que le pouvoir d'absorption eût été d'un mètre et 1/6 environ ; or, le calcul démontre que d'après les dimensions de la grande cuve, ce terme n'eût dû arriver qu'après l'écoulement de 11 à 12000 kil. de liquide, ce qui est à peu près ce qu'elle a fourni, et ainsi pour la deuxième ; au reste, la petite quantité d'eau de la comporte qui suffisait pour remplir le tube jusqu'à une certaine hauteur , a bien pu s'y élever sans qu'on y ait fait attention.

Une observation précieuse , quant à la confirmation de cette opinion , nous a été transmise par M. Resseguier ; c'est que la cuve de comparaison a fourni au moins 3 *pièces de vin de lie* , et que la grande cuve , qui d'après ses dimensions en eût dû fournir 3 pièces 1/2 , en a tout au plus donné *une pièce* ; or, en ajoutant 2 pièces 1/2 ou 250 pégas au produit de cette cuve , on a 4030 pégas qui sont précisément le terme relatif à 10 p. o/o , comme l'a donné le 14 novembre la cuve de comparaison.

La supériorité remarquable qu'avait le demi-vin de cette cuve fut cause que l'homme d'affaires de M. Resseguier se permit de son chef, de mettre 1/8 d'eau de plus pour faire le demi-vin de la cuve de comparaison , ce qui a réduit à 15 degrés 1/3 l'eau-de-vie obtenue en le distillant au 1/4 de son volume.

Expérience commencée par les Cessionnaires, et terminée par M. Gervais.

Nous avons dit en commençant , comment la commission se trouva investie d'une surveillance spéciale sur cette expérience commencée le 26 octobre.

Le 22 novembre , sur la demande des Cessionnaires , la commission se réunit à eux dans

le local où l'expérience s'est faite, pour procéder à la dégustation des vins, et fixer l'époque
du décuvage. Ceci avait principalement pour
objet le tonneau découvert, dont la fermentation eût pu être plus rapide et dont il était
essentiel à nos yeux de ne pas trop retarder
le décuvage, pour ne lui rien faire perdre de
la quantité ou de la qualité de son produit. De
l'avis unanime des membres de la commission,
des cessionnaires et de leurs assistans, le vin
de ce tonneau fut trouvé trop doux encore, et
l'on s'ajourna au mercredi suivant. Pour la même
raison, on ne dégusta le vin que d'un seul des
tonneaux couverts.

Dans l'intervalle, M. Foulcher, qui décuva
le vin fait avec la même vendange qu'il avait
fournie pour l'expérience, remit à la commission un échantillon de ce vin, que nous lui avions
demandé pour servir de terme de comparaison,
au cas que celui du tonneau découvert se trou-
vât inférieur en qualité. Tout le monde con-
naît à Toulouse les soins que M. Foulcher
donne à la confection de ses vins, et le succès
qu'il en obtient. Ce vin se trouvant beaucoup
plus fait que celui même du tonneau découvert
de l'expérience, la commission resta convain-
cue de la vérité de l'opinion émise par un de
ses membres lors de la dégustation, que quoique les futailles fussent bien sèches au moment

2

de la mise en cuve , les principes alcooliques dont le bois avait dû se pénétrer pendant qu'elles contenaient de l'eau-de-vie , avait dû retarder la fermentation , comme cela a lieu dans l'opération que les grands négocians en vin appellent *viner* , et qui consiste à mêler quelquefois jusqu'à 1/24 d'eau-de-vie aux vins qu'ils expédient : ils empêchent par ce moyen que le transport ne décide une nouvelle fermentation dans les barriques.

Le mercredi 28 novembre , terme de l'ajournement ci-dessus , la commission se réunit de nouveau dans le local de l'expérience : MM. Gervais , et P. Pouget l'y attendaient avec leurs assistans , des hommes de peine , le peseur juré qui avait servi pour le même objet à Fontbeausard , ainsi que MM. Janolle , Delpont , Gaillard , le Maréchal, Bogues fils, etc. La dégustation du vin du tonneau découvert fit juger qu'il n'avait rien perdu de sa qualité , puisque comparé à l'échantillon de M. Foulcher , on le trouva préférable , ce dont l'un des assistans évalua le degré , en disant qu'il valait 1 sol de plus par péga. La distillation a justifié ce jugement , car le vin du tonneau d'expérience donne 1/4 de son volume d'eau-de-vie à 18 degrés 1/3 , et celui de M. Foulcher ne la donne qu'à 18.

La dégustation des vins des 2 tonneaux couverts donna lieu d'établir qu'ils étaient encore à ce moment plus doux, que ne l'était 8 jours avant celui du tonneau découvert. Tous les avis étaient pour qu'on sursît au moins huit jours encore à leur décuvage; mais, M. Gervais, satisfait déjà des nombreux témoignages du succès de son appareil, soit dans les environs de Toulouse, soit à Muret, Grenade, Fronton, Miremont, etc., et plus empressé de satisfaire l'attente du public que d'obtenir de cette expérience quelques degrés de plus, soit en quantité, soit en qualité, exigea qu'on procédât au décuvage, ce qui fut fait incontinent.

Les trois pièces destinées à recevoir la mère-goutte furent d'abord pesées soigneusement pour avoir la tare : on les pesa de nouveau, quand elles eurent reçu le produit du décuvage; on les pesa une troisième fois avec le même soin, chacun des assistans participa à la lecture de la romaine, et le produit du tonneau découvert gagna deux kil. à cette opération, dont voici le résultat :

Tonneau découvert 211 kil. 1/2, tonneau de l'appareil Gervais, 227 kil. 1/2, tonneau à simple tube, 215 kil. 1/2.

Les marcs de ces trois tonneaux, soumis à l'action d'une grande presse, dans le laboratoire de M. Tarbès, et ceux des deux derniers tonneaux ramenés au même poids, parce qu'il n'avait pu se faire plus d'évaporation dans l'un

que dans l'autre , et qu'on trouvait 5/4 de kil.
de différence au préjudice de l'appareil à simple
tube ; on a eu : vin de pressoir du tonneau découvert , 56 kil. 1/8 ; vin de pressoir du tonneau avec l'appareil Gervais , 65 kil. 1/4 ; vin
de pressoir du tonneau à simple tube 6o kil.
1/4.

Ces nombres réunis avec leurs relatifs de
mère-goutte , donnent pour le produit total
de 4o5 kil. de vendange ,

Avec le tonneau découvert, 267 kil. 1/8.

Avec le tonneau de l'appareil, 292 kil. 5/4.

Avec le tonneau à simple tube , 275 kil. 5|4.

D'où il résulte en quantité 9 2|5 pour cent
à l'avantage de l'appareil Gervais, et seulement
5 9|10 en faveur du tube , sur le produit du
tonneau découvert.

Les vins de mère-goutte des tonneaux fer-
més n'étant pas assez faits , et la partie sucrée
n'ayant pas été aussi complètement transmuée
en alcool que dans le tonneau découvert , ils
n'ont donné l'un et l'autre qu'un quart du volume , eau-de-vie à 18 degrés , tandisque la
mère-goutte du tonneau découvert a donné 18
degrés 1|3.

Mais l'appareil Gervais compense , et bien
au-delà, cet avantage, par la qualité de son vin
de pressoir qui donne 1/4 de son volume, eau-
de-vie de 21 degrés, tandisque le vin de pres-

soir du tonneau à simple tube , ne donne que 18 degrés 1|2 , et celui du tonneau découvert, 15 deg. 2|3 (1).

L'épreuve par la balance hydrostatique démontre que les vins de mère-goutte des cuves couvertes n'étaient pas faits , puisque leur pesanteur spécifique est plus grande, où tout au moins égale à celle de l'eau dont celle du vin de M. Foulcher diffère en moins de 58|10000.

Le produit total du tonneau à simple tube , différant en moins de 17 kil. du produit du tonneau avec l'appareil Gervais, l'alcool de son vin de pressoir différant en moins de 5 degrés de celui du même tonneau ; n'est-il pas évident que le simple tube laisse dégager en quantité notable , certains principes, dont une grande partie d'alcool. Nous disons certains principes, car l'eau dans laquelle plongeait le tube de l'appar eil Gervais , a été retirée du vase qui la contenait, n'ayant ni goût ni odeur sensible, et seulement colorée en jaune pour avoir séjourné 33 jours dans un vase de fer-blanc : dis-

---

(1) Le rapport composé des quantités de vin par le degré de l'eau-de-vie relatif à chacune d'elles, donne, tonneau découvert, 4792 ; tonneau à appareil Gervais , 5408 ; tonneau à simple tube , 4820. Ce qui donnerait 100 est à 112,85 , est à 100,58 ; ou un avantage de 12,85 pour 100 à l'appareil Gervais , et de 0,58 pour 100 au simple tube.

tillée à 1|10 seulement de son volume, le li-
quide, comme l'eau distillée pure, marquait exacte-
tement à l'aréomètre 11 degrés, dans un apparte-
ment dont la température était à 18 degrés 3|4
du thermomètre centigrade, tandis que la liqueur du tonneau à simple tube, au moment
où on l'a retirée de son vase, était à peu près
incolore, mais de très-mauvais goût, et d'une
odeur insupportable d'hydrogène sulfuré, et
que distillée dans le même rapport que la pré-
cédente et à la même température, elle marque
sensiblement 1|2 degré de plus que l'eau dis-
tillée.

On a conservé l'une et l'autre liqueur dans
deux flacons de verre blanc tout neufs, la première est restée sensiblement dans le même état,
la deuxième a pris d'abord une couleur plus
ou moins noire, comme ferait très-peu d'en-
cre dans beaucoup d'eau; la partie inférieure
du bouchon de liège, qui ferme son flacon,
s'est noircie, et un précipité noir et flocon-
neux s'est formé au fonds du flacon dans les
16 jours écoulés depuis qu'on l'a retirée; le
prussiate ou hydrocyanate de chaux a démon-
tré l'existence du fer dans ce précipité, ainsi
que dans celui moins abondant qui s'est formé
dans l'autre liquide.

Quoiqu'on eût mis deux quantités égales d'eau
de rivière dans chacun des deux vases qui con-

tiennent ces liqueurs , celle où plongeait le tube se trouve peser 3|4 kil. de plus que l'autre.

Cette différence dans la nature des eaux retirées des vases où plongeaient les tubes, ne permet pas de révoquer en doute que l'appareil Gervais a l'avantage de dépouiller le gaz acide carbonique de tout principe alcoolique ou fermentescible , ce que le simple tube n'opère pas , même avec un vide de près d'un demi-mètre entre la vendange et le couvercle ; et comme l'on a employé de l'eau puisée à la rivière , et qui peut contenir quelques sulfates terreux , l'explication de la perte en quantité , et celle de l'odeur d'hydrogène sulfuré jointe à d'autres caractères de corruption , se trouvant écrite depuis trois ans dans le savant traité de M. le comte Chaptal , sur l'art de faire le vin (pag. 155) , nous nous bornons à la copier.

« L'acide carbonique , qui se dégage des vins , » tient en dissolution une portion assez considérable d'alcool. Je crois avoir été le premier » à faire connaître cette vérité , lorsque j'ai » enseigné qu'en exposant l'eau pure dans des » vases placés immédiatement au-dessus du » chapeau de la vendange , au bout de deux à » trois jours , cette eau était imprégnée d'acide » carbonique , et qu'il suffisait de l'enfermer » dans des bouteilles bien bouchées et de l'a-

» bandonner à elle-même pendant un mois,
» pour obtenir un assez bon vinaigre. En même
» temps que le vinaigre se forme, il se préci-
» pite dans la liqueur des flocons abondans,
» qui sont d'une nature très-analogue à la fi-
» bre. Lorsque, au lieu de se servir d'eau pure,
» on emploie de l'eau qui contient des sulfates
» terreux, on sent se développer, au moment
» de l'acétification, une odeur de gaz hydro-
» gène sulfuré qui provient de la décomposition
» de l'acide sulfurique lui-même. Cette expé-
» rience prouve suffisamment que le gaz acide
» carbonique entraîne avec lui de l'alcool et un
» peu de ferment, et que ces deux principes
» nécessaires à la formation de l'acide acétique,
» en se décomposant ensuite par le contact de
» l'air atmosphérique, produisent cet acide. »

*Expérience sur les progrès de la fermentation,
sur la quantité et la qualité des produits de
l'appareil Gervais.*

Faisant l'essai d'un procédé nouveau, M.
Resseguier, crut de la prudence de laisser au
moins un 1/2 mètre de vide entre la vendange
et le couvercle des cuves de 138 et de 120
comportes : l'instruction de M. Gervais, pag. 182,
n'exige que 6 à 10 pouces selon que la vendange
est égrappée où non : les résultats suivans ne
sont donc pas la totalité de ce qu'on eût obtenu,

s'il eût laissé moins de distance entre la vendange et l'appareil.

Le 16 octobre, septième jour après la mise
en cuve, après avoir préalablement retiré le liquide accumulé dans la rainure, l'appareil fournit par le robinet 1 once 1 gros 64 grains
dans 30 minutes, ce qui fait 2 onces 3 gros
56 grains , par heure ; ce liquide marquait
13 degrés 1/2 à l'aréomètre. C'était en présence
de **MM.** Dispan, Astier et Cazaux qui étaient
venus voir les cuves de M. Resseguier...... La
température de l'air du chai était à 15 degrés
centigrades , celle de l'eau du réfrigérant était
à 16 degrés 7/8; M. Cazaux en fit la lecture.

Après le départ de ces Messieurs pour Colomiers, l'état de compression des produits
gazeux, et la bonté du lutage (dont on s'était
assuré d'ailleurs par l'approche d'une lumière
ou d'une plume humectée d'ammoniaque liquide
autour de la cuve) fut constaté , par l'expérience plus décisive pour ceux qui étaient pré-
sens, et qui consistait à enlever l'eau de la
comporte où plongeait le tube et à présenter
un papier allumé à l'orifice de ce tube. Dans le
peu d'instans qu'il fallut pour rallumer 3 fois
un feuillet d'un in-octavo , il suffisait de le présenter à l'entrée de la comporte pour qu'il
s'éteignît. Or, il ne se dégageait certainement
pas une comporte de gaz dans moins d'une mi-

(26)

nute ; donc il était contenu par les luts et comprimé en raison de la colonne d'eau de 1/4 de
mètre environ qu'il rencontrait à l'orifice du
tube.

Le 24 octobre, en procédant de même, on
obtint de la liqueur alcoolique marquant 14 degrés 4/5 à l'aréomètre : le jeu de l'appareil en
fournissait 2 onces 5 gros dans vingt minutes ;
donc pour une heure 7 onces 7 gros.

Le 27, la même liqueur marquant 14 degrés
3/4, il s'en produisait 3 onces 2 gros 6 grains
1/2 dans vingt minutes ; donc pour une heure 9
onces 6 gros 19 grains 1/2.

Le 7 novembre, la même liqueur étant à 14
degrés 2/3, l'appareil en a fourni 1 once 3
gros 43 grains dans 3o minutes ; donc pour une
heure 2 onces 7 gros 18 grains (1).

Le terme moyen 5° 1
ᵍ 28 ᵍʳ des produits par
heure le 16 et le 24 octobre, multiplié par le nombre d'heures du jour et

____

(1) En prenant cette dernière liqueur, et n'ayant pas l'aréomètre sur les lieux, on l'a chauffée dans une cuillère d'argent,
seulement au point de pouvoir y tenir le doigt, et cela a suffi
pour décider son inflammation à l'approche d'un papier allumé,
en présence de M. Eudel, ingénieur en chef, de son fils, et
de M. Chanmont, officier supérieur du génie maritime, à qui
l'on voulût donner l'idée du degré aréométrique de cette liqueur.

par celui 8 des jours écoulés entre ces deux époques
donne . . . .   993 ° 2 ᵍ 48 gr.

En calculant de même
le produit du 24 au 27
octobre on trouve. . . .   635   5   51

Et pour celui du 27 oc-
tobre au 7 novembre. . .   1680   5   5 1/5

La somme de ces trois
nombres ou le produit du
16 octobre au 7 novembre
est donc de.   3309   5   32 1/5

Ce qui fait. . . . . . .   206 ˡ 13 ° 5 ᵍ 32 gr.
Ou poids métrique. . .   101 ᵏ 1/6

La liqueur recueillie les 24 et 27 octobre , soumise à la distillation , a donné 1/4 de son volume eau-de-vie à 22 degrés. Pour s'assurer si cette première distillation avait épuisé les principes alcooliques , on a poussé l'opération jusqu'à la distillation d'un second 1/4 , dont le titre a été 12 degrés. Le résidu de la distilla-tion que l'on a conservé , ne manifeste aucune odeur ; il a un peu de goût d'empireume et métallique ; il s'est clarifié et décoloré spontané-ment par la précipitation d'un oxide jaunâtre de fer : l'eau-de-vie résultant de cette distilla-tion a un goût analogue à celui du kirch.

Enfin, il résulte de ces observations que jusqu'au 27 octobre, 18.me jour depuis la mise en cuve , le travail de la fermentation a toujours été croissant, et que sept jours avant le décuvage , il était encore un peu plus énergique qu'au 7.me jour après la mise en cuve.

De la supériorité du vin de pressoir sur celui de la mère-goutte dans les cuves avec appareil.

D'après l'assertion émise dans l'opuscule de M. Gervais, page 186, article 10°, et d'après la nature fortement alcoolique qu'avait acquis le liquide retiré par le robinet des appareils, la commission réfléchissant sur ce que les produits qui retombent sans cesse du chapiteau sur le marc, sont d'une pesanteur spécifique moindre que celle des vins les plus légers , et que le marc leur oppose un obstacle suffisant pour détruire toute la vîtesse acquise dans leur chute; elle pensa que le vin retenu par le marc devait être plus abondant en alcool et en arome que celui de mère-goutte ; l'expérience faite par M. Gervais n'a laissé là-dessus aucun sujet de doute; mais dans l'intérêt des propriétaires qui au lieu de presser le marc font du demi-vin , et sacrifient ainsi la partie la plus précieuse de leur récolte , nous croyons devoir citer l'expérience que M. Tarbès fit sur une cuve qui coule cinq pièces seulement , et à laquelle il avait adapté l'appareil Gervais.

Après avoir épuisé la cuve par le coulage, il fit enlever l'appareil , et rejeter sur le marc une comporte du vin qu'il venait d'obtenir , et sans rétablir l'appareil, sans désemparer même, il procéda à un second coulage , dont le produit a un bouquet supérieur à celui du premier, et qui, distillé dans la même proportion que l'autre , donne une eau-de-vie marquant un 1|2 degré de plus que celle du vin qui n'a pas été ainsi repassé sur le marc.

Aperçu des produits en gaz acide carbonique.

C'est d'après la donnée fournie par M. Gay-Lussac, dans sa belle expérience sur la fermentation, que nous allons évaluer par à peu-près la quantité de gaz acide carbonique qui eût pu se dégager de la cuve avec appareil , et de 120 comportes, chez M. Resseguier.

« J'ai obtenu, dit (M. Gay-Lussac) , un » volume de gaz acide carbonique cent vingt » fois plus considérable que celui du gaz oxi- » gène que j'avais ajouté au moût des raisins » pour décider la fermentation. »

D'après cela, supposant que dans une cuve où l'on met 120 comportes de vendange , il reste, malgré le foulage , une comporte d'air

atmosphérique adhérant aux grappes et raisin,
1|4 de ce volume étant de l'oxigène, il se pro-
duira par la fermentation *cent vingt quarts*,
ou trente comportes de gaz acide carbonique.

Or la fermentation ayant toujours été croissante
du 16 octobre au 27, et son travail, quoique ra-
lenti, donnant encore le 7 novembre plus qu'il
ne donnait le 16 octobre, le terme moyen de
la production du gaz, pendant ces 22 jours,
serait d'une comporte 4|11 par 24 heures; et
si l'on considère que pendant les premiers jours
le lutage étant plus ou moins imparfait, permet la sortie de l'air atmosphérique du haut de
la cuve, à mesure que la vendange se gonfle....
qu'ensuite, l'acide carbonique ne peut sortir par
le tube plongeur, qu'autant qu'il est à un état
de compression qui le rend capable de vaincre
une pression de 8 pouces d'eau qui s'exerce à
l'orifice de ce tube.....; que cette pression fa-
vorise la combinaison du gaz avec l'eau (1),
qui, sans le secours d'aucune pression, en dis-
sout un volume égal au sien; et qu'enfin « ce
» gaz, combiné avec l'eau, s'exhale sponta-
» nément et insensiblement (2) au-dehors,

____

(1) On voit dans presque tous les cabinets de physique un appareil
inventé par Nooth, où la saturation de l'eau par le gaz acide carbonique s'opère au moyen de la pression qu'exerce une colonne de quelques pouces de ce liquide.

(2) Chimie de Thénard, tome 2.me, page 664, 2.me édition.

» lorsque cette eau a le contact de l'atmos-
» phère. »

Y aura-t-il lieu de s'étonner que la valeur
de 1 4/11 comportes ou de deux même, se
combine dans 24 heures avec l'eau de la comporte où plonge le tube de l'appareil, et qu'en
même temps la même quantité s'exhale dans
l'air d'une manière insensible (1) ; et le phénomène de la fermentation est-il assez bien
connu, pour que l'on pût affirmer que la pression de l'eau à l'orifice du tube ne produit
pas un effet favorable à la production d'une plus
grande quantité d'alcool, en empêchant le gaz
dont la production est plus lente à vaisseaux
clos, (2) de s'échapper avant qu'il soit entré
dans les combinaisons qui s'opèrent, pour toute
la part qu'il peut y prendre, ce qui diminue-
rait encore la quantité qui doit ainsi s'exhaler. *

---

(1) Nous avons remarqué presque toujours à la surface de
l'eau de la comporte une espèce de croûte ou d'écume, comme
formée d'une infinité de petites bulles.

(2) La pression de l'eau considérée seulement comme effet
mécanique, joue dans la fermentation le rôle de régulateur,
comme le pendule dans son application aux horloges. L'absence
du contact de la vendange avec l'atmosphère en joue un bien
plus essentiel, car ce contact ne peut que nuire à la fermentation ; toujours, en provoquant l'acescence du chapeau de la
vendange, trop souvent par les changemens subits, soit en plus
soit en moins, qu'éprouve la température de l'air atmosphérique, et qui, par ce contact, se communiquent à la masse fer-
mentante.

* Le volume de cette quantité de gaz n'étant pas la moitié

Tableau du degré des eaux-de-vie obtenues par la distillation des différens produits de la fermentation, soit par les anciens procédés, soit avec le concours de l'appareil Gervais.

Toutes les distillations dont il est question dans ce tableau ont été faites dans le même rapport, à moins que la différence ne soit spécifiée dans la première colonne à gauche.

On mettait dans l'appareil distillatoire de Décroizilles une quantité donnée de liqueur, et l'on arrêtait l'opération lorsqu'on avait obtenu 1/4 de cette quantité, en sorte que les nombres inscrits dans les colonnes 2e, 3e, 4e et 5e, marquant le degré de l'eau-de-vie, indiquent les rapports de la vertu alcoolique des liquides énoncés dans la première colonne, ce que l'on pourrait appeler leur valeur respective.

---

de celui du vin de mère-goutte fourni par cette cuve, et le chapeau retenant 5/16 environ de ce que produit la mère-goutte, serait-il impossible de trouver un moyen de faire que ce gaz restât en dissolution dans le vin s'il était avantageux qu'il y reste? Je crois entrevoir ce moyen dans une modification bien simple de l'appareil Gervais lui-même.

(Note particulière de l'auteur.)

INDICATIONS sur la nature et la provenance du liquide distillé.	PRODUIT du robinet de l'Appareil Gervais.	PRODUIT de la Cuve avec l'Appareil Gervais.	PRODUIT de la Cuve avec le tube ou seulement couverte.	PRODUIT de la Cuve découverte.
Vin de mère-goutte chez M. de Lasplanes.	. . . .	17° 3/4	. . . .	17° 1/4
Second demi-vin chez M. de Lasplanes.	. . . .	14°	. . . .	12°
Liqueur alcoolique retirée de l'appareil chez M. Lalanne.	21° 1/2			
La distillation continuée jusqu'à réduction de 1/2 , le 2ᵉ quart obtenu , était à. . . .	11° 1/2			
Les deux liquides mélangés marquent.	15° 1/2			
Vin de mère-goutte chez M. Lalanne.	. . . .	17° 1/3	16° 3/4	
Liqueur alcoolique des 24 et 27 octobre , retirée par le robinet de l'appareil chez M. Resseguier, distillée progressivement ,				
Le 1ᵉʳ dixième a marqué. .	25° 1/2 ⎫ moyen			
Le 2ᵐᵉ	22° ⎬ 16 4/5			
Le 3ᵐᵉ	14° 1/2 ⎪			
Le 4ᵐᵉ	11° 1/4 ⎪			
Le 5ᵐᵉ	10° 3/4 ⎭			
Le mélange de ces cinq dixièmes , ou moitié du volume , marque.	15°			
La liqueur du 31 octobre , distillée au 1/4.	22°			
La distillation continuée au deuxième 1/4, il a marqué.	12°			
Vin de mère-goutte chez M. Resseguier.	. . . .	20°	. . . .	17° 3/4
Demi-vin fait avec une comporte d'eau , par 100 pégas de mère-goutte.	. . . .	16° 1/3	. . . .	15° 4/3
Demi-vin fait avec un 1/8 d'eau de plus.	. . . .	15° 1/3		
La distillation du vin mère-goutte , poussée à 1/2 du volume , le 2ᵐᵉ 1/4 a produit.	. . . .	11° 1/2	. . . .	10° 1/6
La distillation au 1/3 du vin des cuves de comparaison a donné. . . . . , ...	. . . .	17°	. . . .	15° 3/4
Vin fin de M. Foulcher, pour servir de comparaison dans				

Indications sur la nature et la provenance du liquide distillé.	Produit du robinet de l'Appareil Gervais	Produit de la Cuve avec l'Appareil Gervais.	Produit de la Cuve avec le tube ou seulement couverte.	Produit de la Cuve découverte.
l'expérience de M. Gervais	. . . .	. . . .	. . . . .	18°
Vin de mère-goutte de l'expérience de M. Gervais. .	. . . .	18° (1)	18°	18° 1/3
Vin de pressoir de la même expérience.	. . . .	21°	18° 1/2	15° 2/3
Vin de mère-goutte simple chez M. Tarbès, ...	. . . .	16° 1/2		
Vin de mère-goutte repassé sur la vendange chez M. Tarbès, ...	. . . .	17°		
Vin de mère-goutte chez M. Baville à Fronton.. . .	. . . .	18° 1/4 (2)	. . . . .	18° 1/3
Vin de pressoir du même. .	. . . .	19°	. . . . .	18° 1/3
Vin de M. Duroux, maire à Gratentour.	. . . .	17° (3)	. . . .	18°
Vin de M. Romieu à Miremont.	. . . .	17° 1/4	. . . . .	17°
Vin rouge de M. Sevénes à Muret.	. . . .	17° 3/4 (4)	. . . .	17° 4/5
Vin blanc de M. Sevénes à Muret.	. . . .	18° 1/2	. . . . .	17° 3/4
Vin de la cuve à appareil, chez M. Resseguier, le 27 octobre, 18.e jour après la mise en cuve.	. . . .	18° (5)		

(1) L'infériorité du degré des deux tonneaux couverts vient de ce que le vin n'était pas fait.

(2) (3) (4) Ces résultats indiquent que la vinification n'était pas complète, ce que le tableau des pesanteurs spécifiques va démontrer.

(5) C'est le même vin qui, lorsqu'il a été fait, a donné 20°.

TABLEAU des pesanteurs spécifiques des différens vins, la pesanteur de l'eau distillée étant 10,000.

Les vins spiritueux sont tous plus légers que l'eau : parmi les vins de liqueur et les vins cuits, tels que sont certains vins d'Espagne, celui de Madère, etc., plusieurs pèsent jusqu'à 1/200 de plus que l'eau.

Cette différence tient principalement à ce que le principe sucré du moût n'ayant pas été entièrement décomposé et transformé en alcool, soit par le défaut de ferment, soit par les préparations qu'on a fait subir au moût, le vin est constitué à l'état d'un sirop : les autres principes, qui tels que le tartre, peuvent être tenus en dissolution, n'influent que sur les petites variations de la pesanteur spécifique. Aussi les vins doux perdent-ils leur saveur sucrée et acquièrent-ils de la force en vieillissant, par l'effet de la fermentation lente qui s'opère indéfiniment dans les tonneaux et même dans le verre.

Des divers vins faits dans des cuves ou par des procédés différens, mais avec la même vendange, le mieux fait est celui qui pèse le moins (1); car les principes soit colorans, soit

------

(1) *Vide* Chaptal, art de faire le vin, pag. 192 et 193.

en suspension, soit dissous, y sont dans la même proportion ou à peu près ; l'alcool seul influe essentiellement sur cette pesanteur, et peut-être même, selon qu'il est plus abondant, il peut décider la précipitation de certains principes plus denses.

D'après ces propositions incontestées, le tableau suivant va nous donner quelques résultats décisifs.

	PESANTEURS SPÉCIFIQUES DE LA CUVE		
	avec l'appareil.	avec tube ou fermée.	découverte.
Vin de M. Resseguier, à Tournefeuille.	9,959	....	9,958
Vin de M. de Lasplanes, à Colomiers.	9,964	....	9,950
Vin de M. Lalanne, à Lalande........	9,958	9,957	....
Vin de M. Foulcher servant de comparaison pour l'expérience de M. Gervais.	....	....	9,942
Vin de *mère-goutte* de l'expérience de M. Gervais....................	10,015	9,997	9,967
Vin de *pressoir* de la même expérience.	9,959	9,968	10,002
Vin de M. Duroux, maire à Gratentour.	9,999	....	9,958
Vin rouge de M. Sévènes fils, à Muret..	9,960	....	9,950
Vin blanc du même....................	9,961	....	9,950

En jetant les yeux sur ce tableau, on voit, 1° que chez M. Resseguier et chez M. Lalanne, les vins étaient également faits dans les deux cuves de comparaison, et que chez M. de Lasplanes, qui laissa cuver 8 jours de moins, le vin de la cuve avec appareil était moins fait que celui de la cuve découverte.

2° La légéreté du vin de M. Foulcher, par rapport à tous ceux de mère-goutte , de l'expérience de M. Gervais, prouve ce que nous avons dit (en son lieu), que les émanations spiritueuses de l'eau-de-vie imbibée dans le bois, avaient retardé la fermentation, puisque le vin même du tonneau découvert, après avoir cuvé 33 jours , surpasse encore de 25 la pesanteur du vin de M. Foulcher.

3° Les vins de pressoir de la même expérience, offrent des particularités remarquables. Celui de l'appareil quoique imparfait (puisque sa mère-goutte pèse plus que l'eau), est plus léger que celui de M. Foulcher; ce qu'il doit à l'abondance , 3 degrés de plus d'alcool qu'il donne à la distillation; sa pesanteur est précisément la même qu'on trouve dans l'architecture hydraulique de Prony pour le vin de Bordeaux.

Le vin de pressoir du tonneau à simple tube pèse 29 de plus que le précédent, ce qui indique évidemment que l'alcool n'est pas resté dans le chapeau, comme la distillation l'a prouvé d'ailleurs.

Enfin le vin de pressoir du tonneau découvert pèse plus que l'eau , c'est le caractère des vinaigres ; aussi à la distillation il a donné 2 degrés 1|3 de moins d'alcool que sa mère-goutte.

4° La pesanteur spécifique confirme ici ce

que la distillation indiquait sur le vin de M.
Duroux : son vin avec l'appareil n'était pas assez fait puisqu'il pèse 41 de plus que celui de
la cuve découverte.

5° Les vins blancs ou rouges de M. Sevènes
méritent en partie la même observation : ceux
de sa cuve découverte pèsent de 10 à 11 de
moins que ceux de la cuve avec appareil : la
température constamment douce de l'automne,
et la prédominance du vent de sud-est ont fa-
vorisé la fermentation des cuves découvertes en
général.

Conclusions.

L'appareil de Mademoiselle Gervais est une
application très-heureuse du chapiteau et du ré-
frigérent de l'ancien appareil distillatoire, au
phénomène de la fermentation. Comme dans la
distillation ancienne, cet appareil est employé
à coërcer les vapeurs plus ou moins chargées
d'alcool qui s'élèvent d'une cuve en fermentation ; mais au moyen de l'échancrure pratiquée
à la rigole, le liquide résultant de cette coër-
cion retombe dans la cuve, et tout l'alcool est
conservé en même temps qu'un tube convena-
ble, partant de la tête du chapiteau, laisse une
issue ouverte au gaz acide carbonique qui est
contenu seulement par la pression d'une co-
lonne d'eau de 1|4 de mètre au plus : cette
pression qui s'exerce dans une comporte à l'o-
rifice du tube qui y plonge, paraît influer d'une

manière chimique sur les effets de l'appareil en entretenant le gaz plus long-temps et comprimé dans un contact favorable au jeu des affinités qui s'exercent dans la cuve.

Cet appareil donne un avantage en produit, qui sur la mère-goute seulement, s'est élevé jusqu'à 10 pour 0|0 dans les cas où la vinification a été assez complète.

Les avantages en qualités spiritueuses ne sont pas moins sensibles ; nous avons eu un résultat donnant deux degrés 1|4 de plus à l'eau-de-vie retirée en même quantité d'un même volume (1).

Couvrir les cuves, leur adapter un tube, peuvent augmenter le produit de 3 à 4 pour 0|o en quantité, mais la qualité n'y gagne rien de sensible, même en laissant un espace vide de plus d'un demi-mètre en hauteur (2) ; les vapeurs alcooliques et même une portion de ferment étaient entraînées par le gaz.

Toute cuve en bon état est propre à recevoir cet appareil sans autre dépense que celle du couvercle.

---

(1) Si l'on évaluait le résultat de l'expérience de M. Resseguier, en multipliant les quantités en volume par le nombre de degrés de l'eau-de-vie, relative à chacune de ces quantités, on aurait 10,167 fois 17 3/4, est à 11,204 fois 20, ou 180,459 est à 224,080, qui sont entr'eux comme 100, est à 123 ; d'où l'appareil Gervais aurait en valeur un avantage de 23 p. 100.

(2) Expérience de la cuve, avec un simple tube, chez M. Resseguier.

Le placement de l'appareil peut être pratiqué par toute personne intelligente; son lutage, soit avec le plâtre, soit avec une argile fine bien préparée , soit avec le lut de chaux vive et de sang de bœuf, ne présente pas plus de difficulté : ce sont ce qu'on désignait sous le nom d'opérations ancillaires dans la pharmacie.

Lorsque des causes particulières ne retardent pas le mouvement de la fermentation (comme cela a eu lieu pour les tonneaux de l'expérience faite par M. Gervais), quelques jours de plus que suivant l'ancien usage, suffisent pour que la vinification soit complète dans les cuves avec l'appareil Gervais : la température de l'automne ayant été , cette année , douce et constante, cette circonstance a pressé la fermentation des cuves découvertes : nous pensons que dans les années où la température sera variable et plus ou moins froide à l'époque de la fermentation , les cuves avec l'appareil auront plutôt fait leur vin que celles qui sont découvertes.

Toulouse , le 16 décembre 1821.

Signés , J. L. ASSIOT, *rappporteur ;* DUFOUR, *président de la société de médecine ;* FROMENT, *docteur-médecin ;* LAMOTHE, TARBÈS, *pharmaciens , membres du jury médical.*

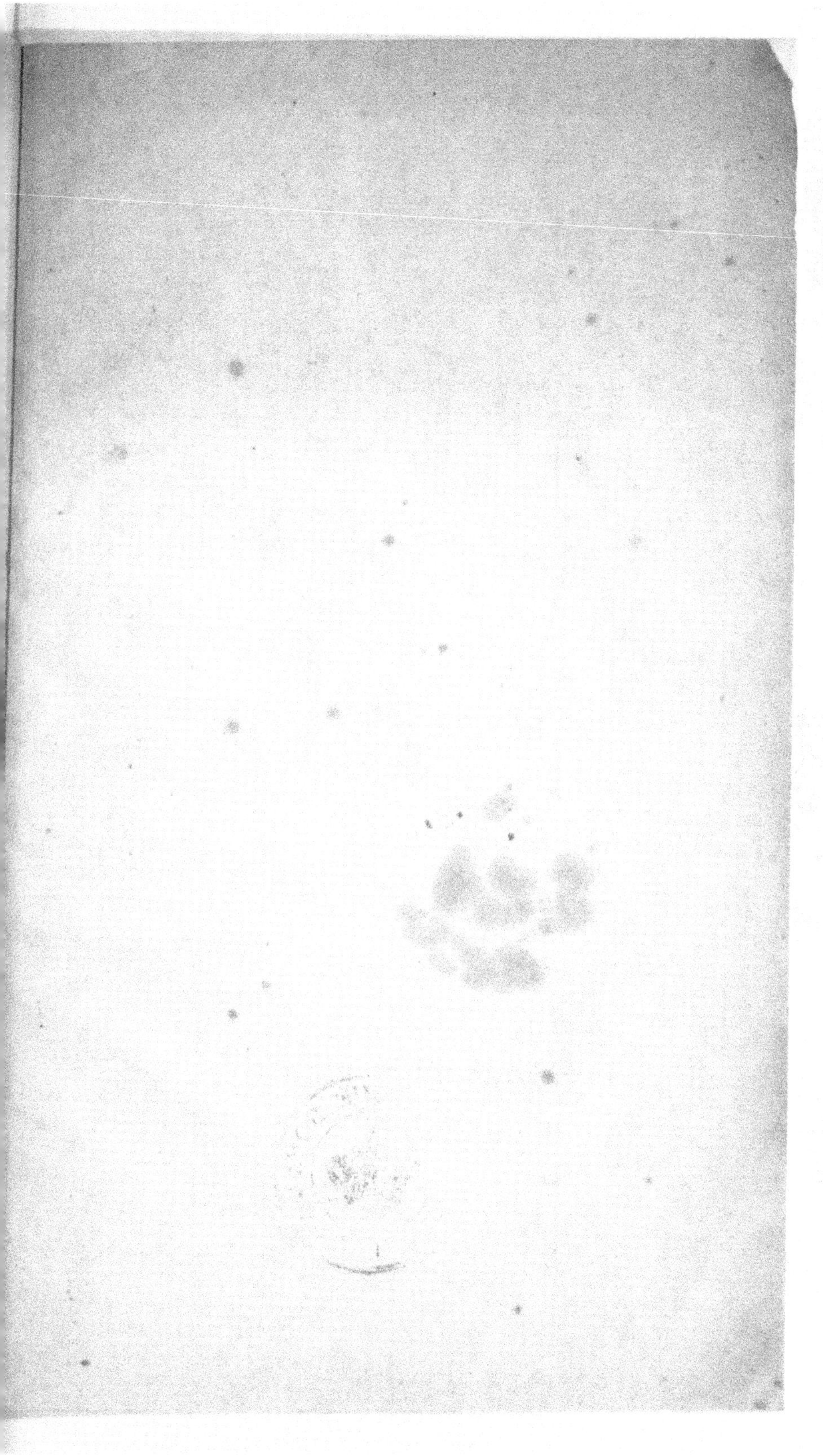

9 782329 218601